人體的神奇之旅

認識人體的構造

〔意〕Agostino Traini 著 / 繪

張琳 譯

新雅文化事業有限公司
www.sunya.com.hk

什麼是流行性感冒？

流行性感冒，簡稱「流感」，是一種由流感病毒造成的傳染性疾病。症狀可輕可重，常見的病徵包括：發高燒、流鼻水、喉嚨痛、肌肉痠痛、頭痛、咳嗽和感到疲倦。

安格生病了，他發燒，全身出了許多汗。

「放心吧，病情不是太嚴重。」姬娜醫生說，「你得了流行性感冒，需要多休息。記得一定要多喝水啊，因為水可以幫助清理你體內的廢物。」

姬娜醫生離開後，皮諾為他的朋友端來了水。
「我來陪你了！」水先生說，「大口地喝吧！」
「謝謝，一個人躺在牀上的確有點無聊。」安格回答道。
「而且我還能幫你恢復健康呢！」水先生補充說。

想一想，如果你的朋友生病了，你會為他做些什麼事？說說看。

人們發燒為什麼會出汗？

因為發燒時人體內的溫度會上升，身體為了調節體溫會自動出汗，讓汗液從皮膚表面大量蒸發，快速帶走體熱，使身體降溫。

安格很高興看到水先生，但他不明白水先生怎麼能令他退燒，幫助他治好流感。

「你真的什麼都不知道啊。」水先生笑着說，「快把我喝下去，讓我來告訴你身體裏面究竟發生了什麼事吧！」

「好的，」安格說着，喝下了一大杯水，「我也好想去看一看！」

什麼是食道？

食道是消化系統的一部分。它是一條由肌肉組成的中空通道，上面連接口腔，下面通往胃部，具有輸送食物的功能。當食物被吞嚥進入食道，食道壁的肌肉便會像波浪般蠕動，將食物推入胃中，並會在過程中分泌一種黏液，讓食物可以更容易通過。

水先生消失在安格的嘴巴裏，從他的舌頭上滑下去，往他的食道俯衝。

「你聽得到我說話嗎？」水先生大喊道，「我變成了瀑布，正往你的胃裏去呢！」

水先生的聲音在安格的身體裏迴蕩。大家都靠近安格，想聽清楚水先生在說什麼。

「我在你的肚子裏。」水先生大叫道，「更準確地說，我是在你的食道裏！」

胃液為什麼不會把胃消化掉？

胃液能夠把各種各樣的食物消化，甚至還足以把小鐵釘溶化掉，但它卻不會把胃部分解，這是因為胃的內壁表面有一層黏膜覆蓋住，這層黏膜能保護胃部，不被胃液分解。假如沒有了這層黏膜，胃液便會腐蝕胃部，導致胃穿孔、胃潰瘍等疾病。

食道是一條通向胃部的管道，我們吃的所有食物都會從這裏經過，進入胃部。

在胃裏，水先生遇見了胃液，他們正在消化安格吃下的點心，可是食物裏所含的水分太少了。

「喂，安格，再往肚子裏灌點水，我們要在這裏打掃衞生。最近你吃了不少垃圾食品呢！」水先生從安格的胃裏往外喊。

能夠聽到消化過程的直播，大家都很興奮。

小朋友，你知道什麼是垃圾食品嗎？說說看。

答案：
垃圾食品是指一些被認為不健康的食品，這類食品脂肪和糖含量一般都很高。常見的垃圾食品包括：糖果、碳酸飲料、各類煎炸及澱粉類小吃，如油炸薯片、油炸薯條等。

安格聽到水先生在他身體裏幹活的聲音，覺得非常好玩，於是便想和水先生開個玩笑：他拿起一大壺水，瞬間就把整壺水給喝光了。

「看你現在怎麼辦！」安格心想。

為什麼喝水太急，水會進入肺部？

因為口腔同時連着食道和氣管，當我們把水吞下時，食道的上端會有一塊稱為「會厭」的軟骨封住聲門及氣管，使水流入食道而不會進入氣管。假如喝水喝得太急，衝力過猛，會厭或未及把氣管封住，這樣水便會經氣管進入肺部。不只喝水，如果我們吃東西吃得太急，也可能出現這樣的情況。

一下子喝了太多水，安格被噎住了，劇烈地咳嗽起來。

「我讓你往胃裏灌水，不是往肺裏啊！」水先生大聲喊道。

胃裏的胃液被奔流而下的瀑布給沖走了。

如果喝下適量的水，胃液便能夠更好地完成他們的工作，消化也就輕鬆容易得多。

除了喝適量的水外，我們還可以做什麼來避免消化不良？

要避免消化不良，我們就要保持飲食適量，不要過多，以免對腸胃造成太大的負擔。還有，我們應多吃高纖維的食物，如蔬菜、水果等，並避免進食難消化的食物，如油炸或辛辣食品等。此外，飯後做一些輕鬆的運動，如散步等，也有利於腸胃活動，幫助消化和吸收。

水先生和他的新朋友們告別後，便把食糜推進了一條管道中。

「現在發生了什麼事？」安格問。

水先生的回答從肚子裏傳出來：「我還要往下走，待會兒再跟你說。」

什麼是食糜？

食糜是指食物經胃作部分消化後形成的半流質物體，它會從胃離開，進入腸道，繼續被消化。

人有大腸和小腸，它們有什麼分別？

食物經胃部消化後，會被送到小腸，然後才到大腸。食物中的各種營養成分和礦物質主要由小腸負責吸收；而大腸則負責吸收食物中的水分和電解質等，並連接肛門。食物中沒有營養價值的部分會變成糞便，經肛門排出體外。

水先生帶着食糜，進入了彎彎曲曲的腸子。

「喂，水先生，你是不是已經到我屁股那兒了？」安格問。

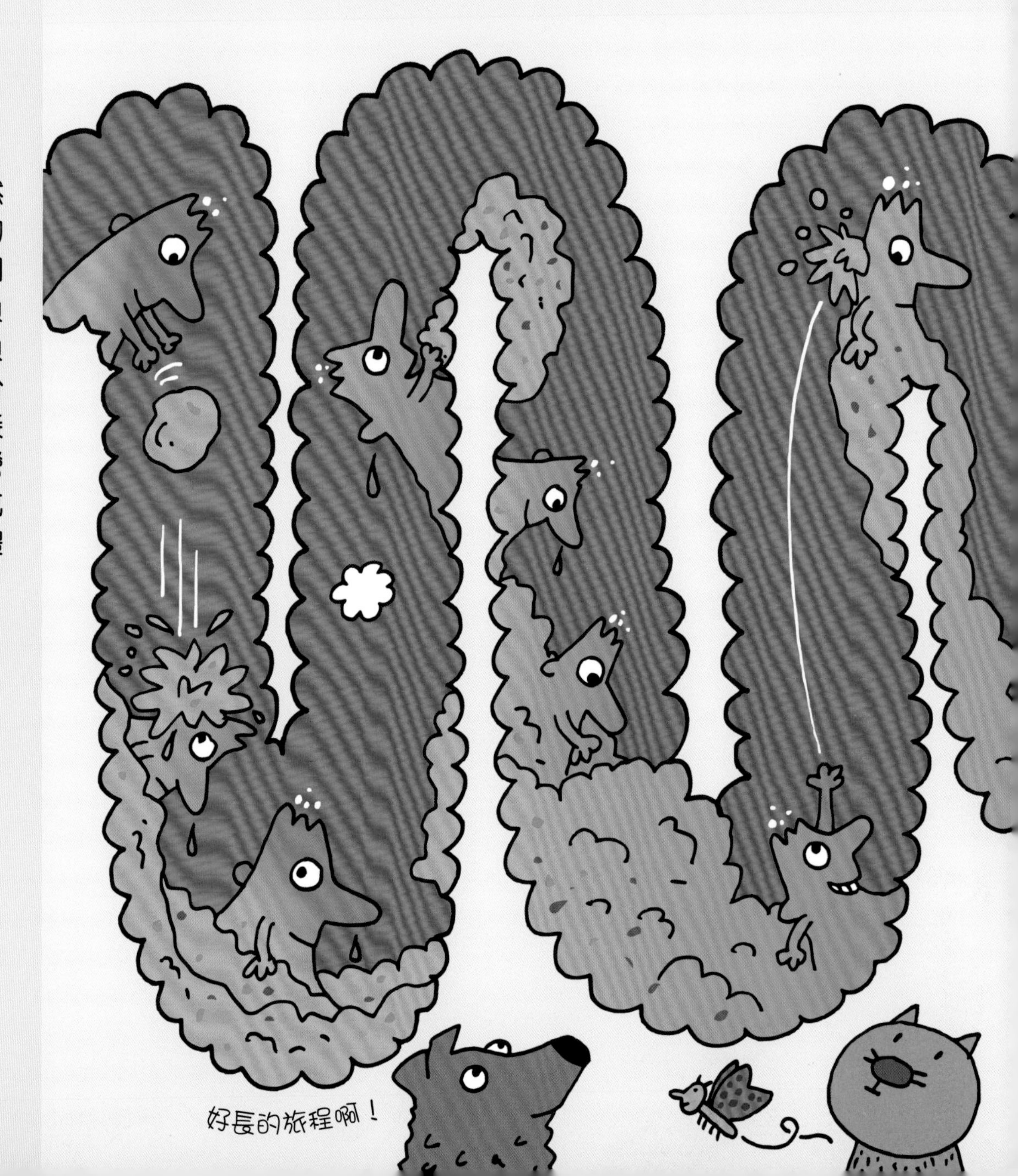

這時，一陣大笑聲從肚子裏傳出來。水先生笑着說：「你知道腸子有多長嗎？我要走很長的距離，每走一步，腸壁就會吸收一部分的我。如果你現在看到我，一定認不出我來呢！」

人的腸子有多長？

腸子的長度因人而異，但據說一般成人的腸子約為身長的4.5倍，即約有6至8米長。

心臟的功能是什麼？

心臟負責人體的血液循環。它就像我們體內一個強而有力的泵，每天不停地跳動，推動血管中的血液在身體各部分循環流動，維持人體的正常運作。

「你知道嗎？我還會進入血液。」水先生的聲音隆隆作響。

「如果喝下適量的水，血液就會順暢地流動，像泵一樣的心臟就能將血液輸送到遍布身體每個角落的血管裏去。」

安格還真不知道這回事呢……

安格想像着水先生穿上了紅色的衣服，在他的身體裏到處溜達，就像在玩過山車一般。

心臟笑着說：「血液當然不止是紅色的水，它可複雜多了。」

血液由什麼組成？

血液是流動在心臟和血管內的不透明紅色液體，主要成分為血漿和血細胞。它的一大功能是負責將氧和各種營養成分運送到身體的不同部分，並把二氧化碳及其他廢物帶走，以維持人體正常的新陳代謝。人體血液約佔體重十三分之一。

小朋友，你看到第18頁圖中有一本叫《人體的奧妙》的書嗎？它的封面很簡單啊，請你發揮創意為它設計一個新封面，在白紙上畫出來吧。

安格感到身體的每一個部分都有人在呼喚他，也就是說水先生無處不在！

「可是你要怎麼出來呢？」安格問他。

這時，水先生的聲音從肚子下方傳來。「這不是問題。」水先生笑着說，「不過我必須先經過腎臟！」

皮諾拿起一本畫有人體結構圖的書，上面正好有講解腎臟的功用。

「這裏寫腎臟是用來過濾血液和製造小便的。」皮諾說。

什麼是膀胱？

膀胱是人體儲存尿液的囊狀器官，它的功能是儲藏和排泄小便。人體內的腎臟和膀胱由輸尿管連接，當含有代謝廢物的體液經腎臟過濾後，便會形成尿液，再經輸尿管流入膀胱，待儲存至一定分量後，便會排出體外。

「等一下，我去去就回來！」
水先生笑了，他說：「我知道你是要去尿尿。」
安格不明白為何水先生能猜到他要去做什麼。

水先生變得有點黃，不過他仍然是水先生。

「我變黃了，是因為我為你打掃了身體，你喝下越多水，你的小便就越清澈。」水先生說。

馬桶排走的污水會被送到哪兒？

馬桶排走的污水會經過大廈的污水管道送到污水處理廠，通過多種程序，如隔篩、沉澱等方式過濾後，再由深海排放管排出大海稀釋和沖散。

水先生向他的朋友們解釋，其實人體當中很大部分都是由他組成的。

此外，水會以各種方式從身體中排出：從皮膚中蒸發、出汗、小便等等。

「還有哭泣的時候呢！」水先生補充說。

「因為身體一直需要很多的水，所以必須通過喝水和吃水果、蔬菜來補充水分。」

「現在我明白了！」安格說。

口渴才需要喝水嗎？

很多人往往在口渴時才想起喝水，但其實那時人體已經出現缺水的情況了，這會影響身體的正常運作。而且若我們在口渴時一次性大量喝水，會使胃液被稀釋，既降低了胃酸的殺菌作用，又會妨礙對食物的消化，加重胃部和腸道的負擔。因此我們應注意不時補充身體水分，有助促進健康。

退燒了，安格康復了。

連續好幾天，安格每天早上一醒來，便喝下一杯水，然後再給植物們澆水。

「做得好，安格！」水先生說，「所有生物都需要喝水。」

科學小實驗

現在就來和水先生一起玩吧！

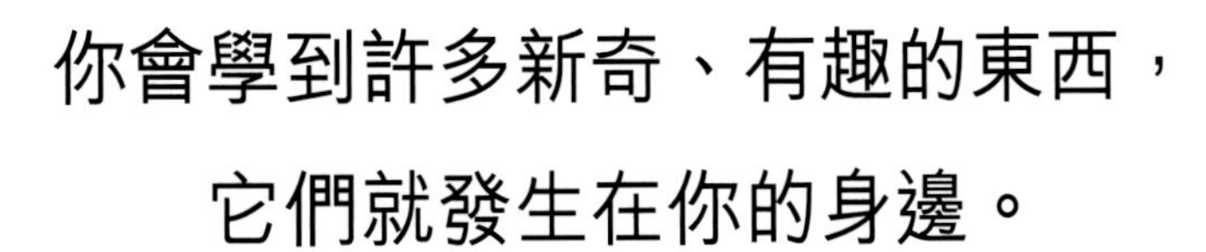

你會學到許多新奇、有趣的東西，

它們就發生在你的身邊。

DIY新鮮美味果汁

你需要：

榨汁器

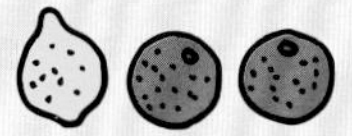

檸檬和橙

水

水果刀

杯子

口渴的朋友

難度：

做法：

切開橙和檸檬前，先用手擠壓一下，這樣能幫助榨出更多果汁。

請大人用水果刀把檸檬一分為二。

用榨汁器榨出檸檬汁。

將檸檬汁倒入杯中至半滿，再倒入半杯水。一杯可口的檸檬水就完成了。

你還可以把檸檬汁和橙汁混合在一起，根據自己的口味，找出最佳的調配比例，加水或者不加都可以啊！

夏天的時候，你可以多吃些西瓜幫助解暑啊！西瓜是水分含量最高的水果，有人說：「西瓜可以用來吃、用來喝，還能用來洗臉呢！」

會尿尿的杯子！

你需要：

廚房用紙

兩個透明的杯子

水

泥土、咖啡粉或墨水

一本厚一點的書

做法：

難度：

1 先將兩張廚房用紙扭成紙條狀。

2 然後在一個杯子裏裝滿水，再在杯內加入泥土、咖啡粉、墨水或其他你喜歡的材料，令水變得混濁。

3

把裝滿污水的杯子放在一本厚厚的書上，讓它高於另一隻空杯子；再把紙條的一頭放在裝滿水的杯子裏，另一頭放在空杯子裏。

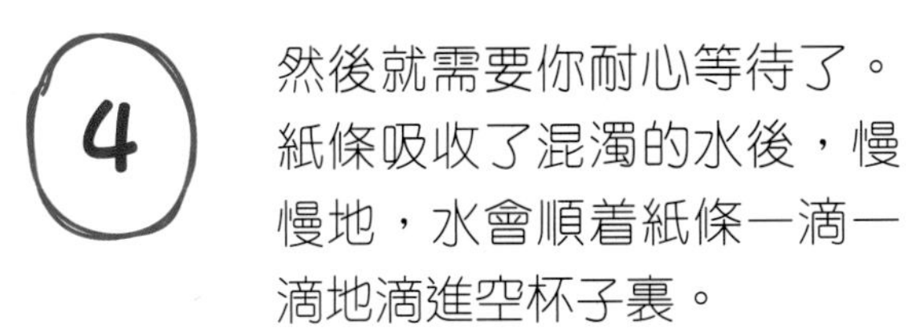

4

然後就需要你耐心等待了。紙條吸收了混濁的水後，慢慢地，水會順着紙條一滴一滴地滴進空杯子裏。

5

幾小時後，放在低處的空杯子便會裝滿透明的水。紙的纖維把水裏的髒東西過濾掉，污水便都變成了清水啦。

在你的身體裏也發生着類似的變化啊！

好奇水先生
人體的神奇之旅

作者：〔意〕Agostino Traini
繪圖：〔意〕Agostino Traini
譯者：張琳
責任編輯：劉慧燕
美術設計：何宙樺
出版：新雅文化事業有限公司
香港英皇道499號北角工業大廈18樓
電話：（852）2138 7998
傳真：（852）2597 4003
網址：http://www.sunya.com.hk
電郵：marketing@sunya.com.hk
發行：香港聯合書刊物流有限公司
香港新界大埔汀麗路36號中華商務印刷大廈3字樓
電話：（852）2150 2100
傳真：（852）2407 3062
電郵：info@suplogistics.com.hk
印刷：中華商務彩色印刷有限公司
香港新界大埔汀麗路36號
版次：二〇一六年九月初版
二〇二〇年九月第三次印刷

ISBN: 978-962-08-6637-1

Original Title: Il Fantastico Viaggio Nel Corpo Umano
Translation by Zhang Lin.

18/F, North Point Industrial Building, 499 King's Road, Hong Kong
Published in Hong Kong
Printed in China